沙发上的心理学

—

[英] 菲利帕·佩里 著
[英] 弗　洛·佩里 绘
钟歆 译

Couch Fiction

A Graphic Tale of Psychotherapy

Philippa Perry
Illustrated by
Flo Perry

中信出版集团 | 北京

写给读者

我们总是回避感受，这个习惯是对童年所经历环境的一种创造性适应，它让我们能够在不那么完美的生存条件下活下来，并且健康成长。然而，当环境发生变化时，我们通常还是会维持原来的习惯，哪怕这对我们无益。这就是我下面要讲的故事的基本主题。

征得当事人的同意，我撷取了一些真实人物的真实梦境，除此之外，这个故事完全是我构想出来的。虽然书中人物从未存在过，所描述的事件也没有实际发生过，但这例个案在心理治疗中是具有代表性的。我写这本书的目的是想向读者描绘心理咨询师和来访者的生活究竟是什么样的。

大部分图片下方都有一些注解。你可以不用管它，只跟随故事情节走。当然，如果你想多了解一些专业知识，也可以读读这些注解。

呃，下一个是谁？啊……
一个新的来访者。

一些心理治疗学派建议，在初始访谈前，咨询师应该摒弃自己先入为主的主观印象，以保持必要的开放心态，去觉察见面时的每一处细枝末节。精神分析学家威尔弗雷德·比昂认为，当来访者见咨询师时，咨询师最好的状态就是忘记这个病人的所有过去，也不用管他的未来是什么，只关注当下，咨询师应该把这作为自己最基本的工作原则。

富有经验的咨询师几乎都会坚持这个原则（这种坚持偶尔是由痴呆症所致，而不是出于对原则的严格遵守）。本故事中的咨询师并没有严格遵守这个原则。她不是一个完美的咨询师，根本不在意这些条条框框。

有没有人研究过，诊疗室门前的废物回收箱和里面的东西可能会带来什么影响？我特别想知道它们对初次到访的来访者的影响。

许多心理咨询师并不担心他们的外表给来访者留下的印象。*有些人在任何天气里都穿着露趾凉鞋。从鞋子能够看出咨询师是在家工作还是在私人诊所里工作——冬天穿拖鞋或露趾凉鞋是他们在家工作的明显标志。

* 这是因为，要么他们早就克服了自恋问题，要么天生就不追求时髦，或者二者兼而有之。

我们永远无法确定，是否能够了解一个人完全真实的那部分。然而，在心理治疗中，努力发掘这个真实的部分是很重要的。帕特注意到詹姆斯很有魅力，或许就是在发掘他真实的部分。

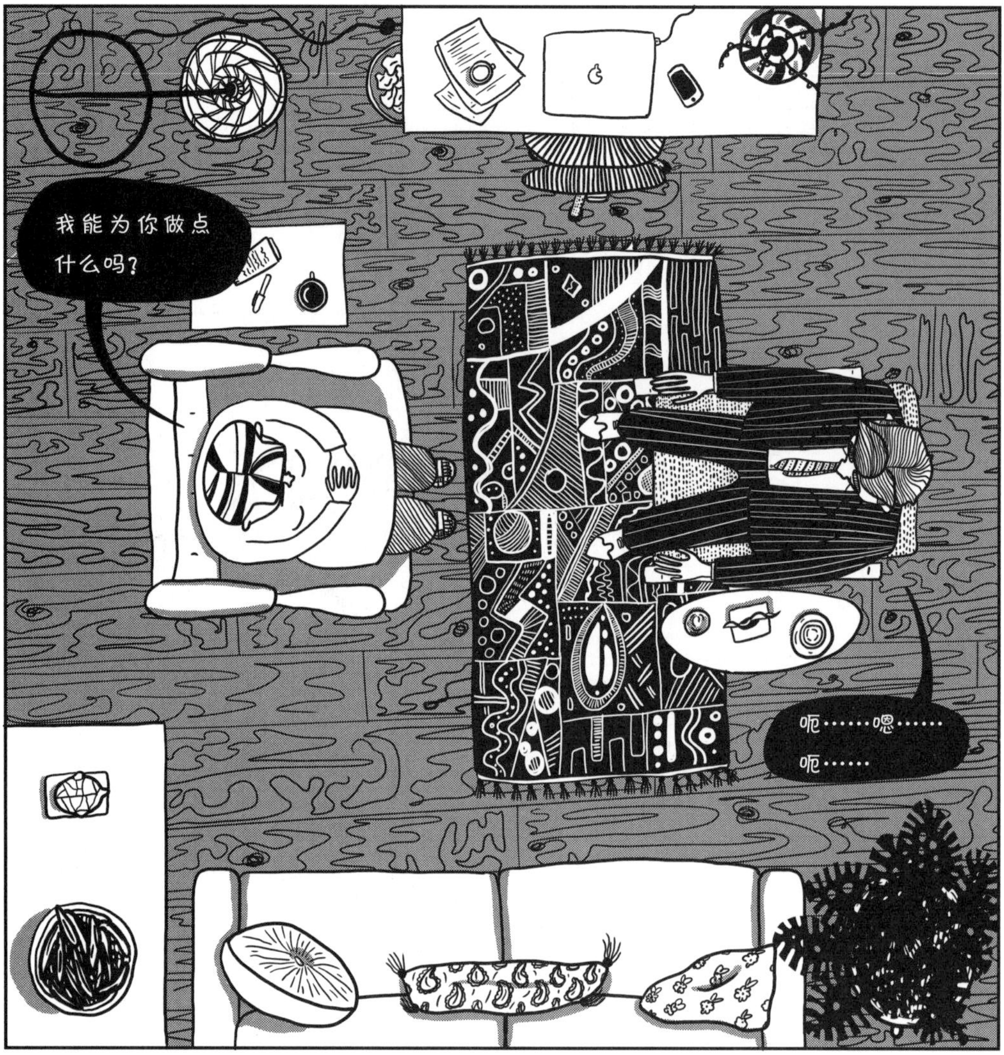

与帕特不同，在过去，许多咨询师并不提问，他们就像一块空白屏幕，让来访者自己把问题投射上来。投射（projection）并不是指与另一个人产生接触，而是指我们将自己的一部分特征，如性格、态度、动机和欲望投射到另一个人身上，认为自己的某些心理与行为在对方身上也同样存在。因此，什么都不说的咨询师，就是一块空白，来访者会更关注她当前的状态（她穿着滑稽的凉鞋，她喜欢废物回收）。

咨询师不保持沉默，也不会阻止来访者的投射或移情。移情（transference）是指在治疗过程中，来访者将自己过去对生活中某些人的情感，投射到咨询师的身上。而反移情（countertransference）是指咨询师在心理分析过程中对来访者产生的潜意识情感和态度。咨询师最好能意识到自己的反移情，以免使已经很复杂的问题更加复杂化。

詹姆斯知道“谈论他自己才对他有帮助”，但他却没有这样做，而是说起了西蒙。帕特似乎和詹姆斯一样，正在经历一个反移情过程，因为她发现自己很难专注于分析。由于她的分心，她错过了一个线索，即詹姆斯是“听说”西蒙谈到过她，而不是詹姆斯称他与西蒙有过交谈。似乎他是从西蒙那里偷偷获得这个消息的。她错过了这一点。不过没关系，如果分析这个行为模式很重要，那么来访者一定会再次呈现它，或者在后面的对话里显露出来。

研究表明，当咨询师采用来访者自己的改变理论时，或者当咨询师自己关于改变的想法与来访者的认知和观念相一致时，来访者最有可能在治疗中做出积极改变。这就是帕特问詹姆斯什么会对他有用的原因。

心理治疗成功的最关键指标是来访者对治疗的积极参与、开放的态度、不断获益的体验和希望的达成，其次是来访者和咨询师之间的良好关系。在治疗的这个阶段，对帕特和詹姆斯来说，这两方面似乎都没有进展。

他刚进来的时候，我们有过愉快的眼神交流，但现在已经消失了……
不知道该怎么开口，但我又必须得说出来。

许多来访者反馈，第一次大声说出那个促使他们来接受治疗的问题，内心会有强烈的体验，甚至会感到难以承受。

心理咨询师经常被问到，整天听别人谈论他们自己是不是很无聊。答案是否定的，当来访者**真正**谈论自己的时候就不会无聊了。如果咨询师确实感到无聊，她会特别关注这种无聊的感觉，因为这向她传达了一种信息，即，在治疗过程中需要解决的问题可能没有得到重视。

如果来访者和咨询师没有一致的目标，治疗可能会失败。通过询问詹姆斯想要达成什么目标，帕特开始和詹姆斯商定咨询方案。她也在确认自己是否愿意和詹姆斯一起进行治疗。没有几个咨询师只想在治疗过程中听来访者忏悔。

许多人会把接受心理治疗作为最后的选择。在得到专业帮助之前，他们通常会尝试各种方法来改变或让自己感觉好一些。詹姆斯已经尝试过的方法，帕特要避免再给他同样的建议，所以她才会这样问。

在那些负担得起私人心理诊所治疗费用的人当中，偷窃癖并不是一种特别常见的强迫行为，但也时有发生。因为我们大多数人都维持着某个我们不想要的习惯，比如：拖延、抽烟、过量饮食、过分挑剔、反应过度、害羞、酗酒……这样的例子数不胜数。

当咨询师在回顾每一次面谈时，总会不可避免地发现，她本可以在有些细节上做到更敏锐或更机智。在上面这一段对话里，帕特在寻找詹姆斯行为的诱因时推进得太快了。在这个阶段，如果她能有更多的共情，对詹姆斯来说会更好。虽然帕特的做法不够完美，但值得肯定的是她在探寻他不为人所知的真实的部分。

La Comida
HOXTONS
R'US
37
我当时正在一家西班牙熟食店里。我想买一些橄榄，店员需要去货架后面的库房里拿。当然，店员完全没有防备我，因为我看起来一点也不像小偷。

如果这是一次普通的交谈，而不是一次心理治疗，帕特可能会对附近的西班牙熟食店将黑橄榄加腌蒜浸泡在辣椒油中格外感兴趣。但这不是一次普通的交谈，所以她没有和詹姆斯分享她对橄榄的喜爱。虽然詹姆斯在讲述一个关于买橄榄的故事，但橄榄显然不是他要说的主题。

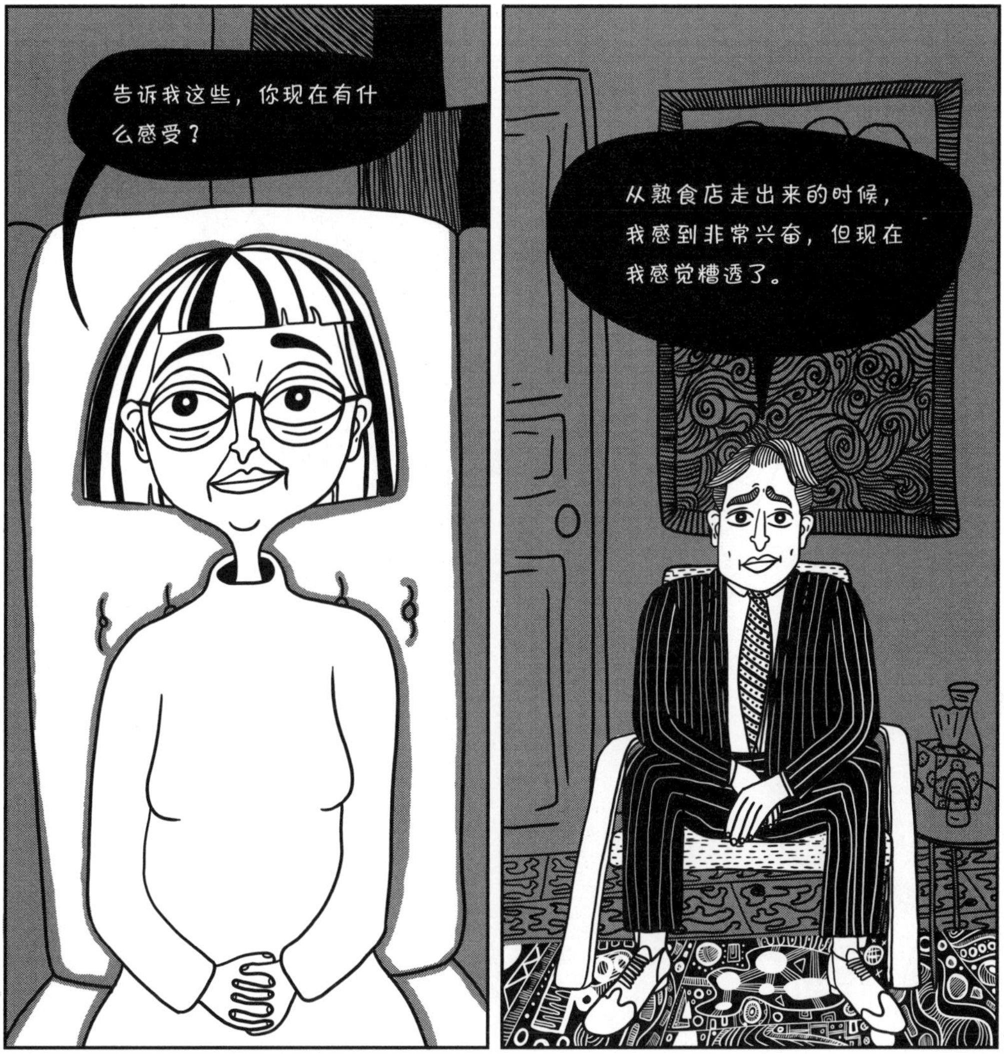

对咨询师来说，来访者讲述故事的过程以及来访者与故事的关系，比故事本身的内容更有趣。内容是糖霜，而过程是蛋糕。这就是为什么咨询师经常会问来访者，他们对刚刚讲述的故事有什么感受。这是一般谈话和心理治疗面谈的另一个区别。

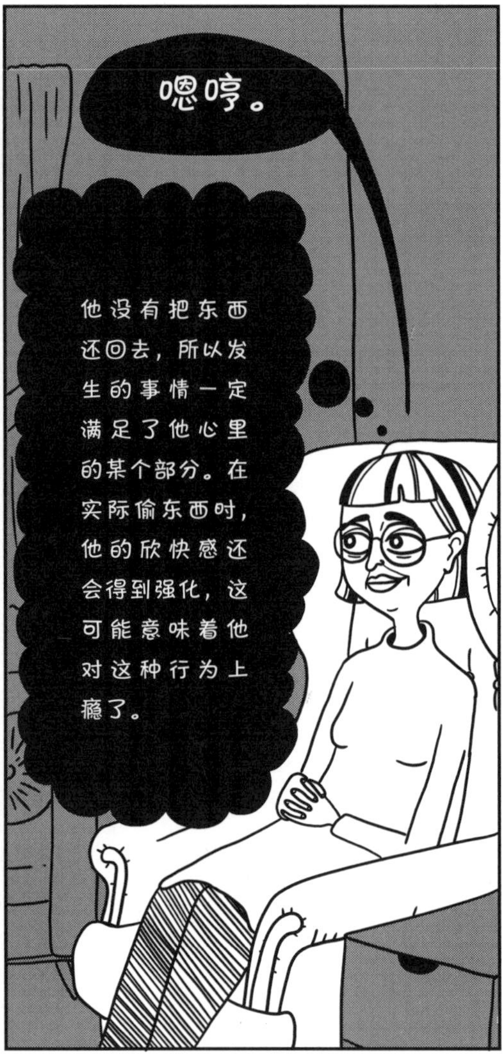

帕特正在分析詹姆斯的行为，但她并没有说出来。在心理治疗中，通常将这一过程称为“悬搁”（bracketing），也就是说，咨询师将个人的观念、假设及判断暂时搁置到一旁，而将焦点放在直接体验上。帕特还不太了解詹姆斯，所以她不确定他在这个阶段听到这些反馈能否承受得了。如果她暂时悬搁对他的诱因的询问，也许会对詹姆斯更有益，但她实在是想对他的诱因寻根究底，哪怕这会让他们之间的关系存在破裂的风险。

悬搁比单纯地保存信息要复杂得多。事实上它意味着暂时停止判断。要彻底理解这一点，就必须研究胡塞尔现象学。在胡塞尔看来，现象就是本质，本质就是现象，因此悬搁之后所得到的纯粹现象就是本质。哦，我还是把这部分内容悬搁吧。

在你偷东西之前发生了什么？
我告诉过你了。店员去货架后面的库房了。

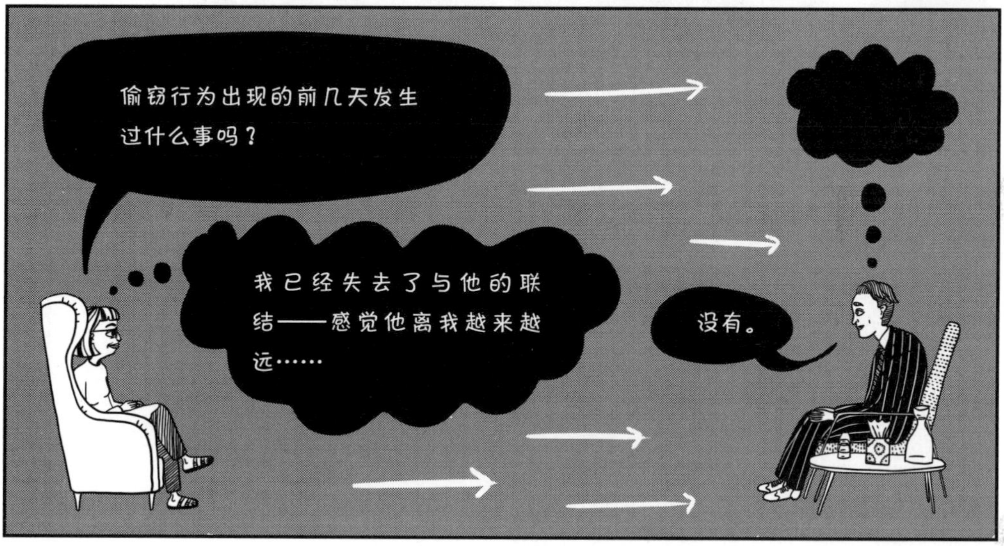
偷窃行为出现的前几天发生过什么事吗？
我已经失去了与他的联结——感觉他离我越来越远……
没有。

帕特继续探索他的诱因。此时的治疗进度表明，她没有和詹姆斯保持联结。她过于热切，似乎已经忘记了自己早期接受过的训练，即紧跟来访者，和他保持一致的步调。詹姆斯不仅被推到了他心里不想去的地方，还被推到了他的身体不愿意去的地方，于是他的大脑一片空白。大脑一片空白或游离，不是一种意志行为，而是一种对特定刺激的自动反应。有的人比其他人更容易出现这种反应，尤其是那些从小就习惯了这样做的人。你可能会认为——也许这是帕特的误判——詹姆斯作为一个受过高等教育的专业人士，应该能够理解帕特提出的简单问题。但就我们所有人而言，都会在某些方面表现突出，而在其他方面相对不成熟。

我们大多数人的生活主要分为三个方面：我们做什么，我们住在哪里，我们和谁一起生活。帕特尝试去了解第一个方面，也就是“我们做什么”（工作），但一无所获。于是她把话题转向他身边的人，看看那个方面有没有什么不顺心的事发生。

心理治疗与一般谈话的不同在于，在心理治疗中，为了让来访者的潜意识思考浮现到意识里，咨询师可以有很长时间的沉默。不过，除非咨访双方事先已经在这一点上达成了共识，否则很可能出现这样的情况——来访者感到很困惑：“为什么她不说话？”或者“我现在要怎么办？”

无论是来访者还是咨询师，如果你突然想到了什么，也许都是值得分享出来的。即使你自己看不出它与治疗有什么关系。

在这里，帕特表达了她的直觉。有时咨询师的直觉无效，但有时又是有用的。

我女朋友是西班牙人。
我猜对了吧。
嗯哼。

自以为是在任何人那里都是不受欢迎的，当然对心理咨询师也毫无帮助。然而，这是一种人性的、真实的反应。在这个行业里，关于咨询师个人感受的表露有很多争论。即使咨询师希望隐藏自己的情绪反应，这也是不可能做到的，因为无论如何它都会被来访者发现。

新手咨询师或外行人也许会感到奇怪，帕特为什么会害怕接受詹姆斯这样的来访者呢？这是因为，为了让治疗起作用，她需要和来访者进行摄入性会谈，而这意味着她要去了解来访者的背景资料、健康状况、工作状况和家庭状况，等等。通过这样的会谈了解他当下的感受、状态、咨询动机和期望等。这不是一项轻松的任务。

就我个人而言，我对那些学过营销、向来访者保证并承诺会用“独创的”技术给他带来极好治疗效果的咨询师是持谨慎态度的。一个有着积极治疗动机的来访者、良好的咨访关系以及怀抱希望，才会让治疗真正起作用。夸张的宣传、营销以及要求来访者必须提前支付治疗费，都无法换来口碑、声誉、关系和信任。

我们不需要向来访者强调咨访关系是心理治疗成功的最重要因素，因为这是毫无意义的。坦白说，这样的话听上去有些惊悚。这一点要么会在随后的治疗中显现出来，要么无论如何努力都无效。

一直以来，提前向来访者说明需要遵守的规则（“边界”），对来访者会有帮助，在这一点上心理咨询师都做得不错。这种做法没什么问题，但我认为咨询师也需要偶尔挑战一下，打破常规。

我现在就需要付费吗？
是的。
可以刷卡吗？
不……我只收现金或支票。
哦，天哪，我身上没带现金。我马上去提款机上取。
没关系。可以下周再付给我。
你信任我吗？

帕特暂时把自己设定的逐次支付治疗费用的规则放在一边，表明她是真的愿意把詹姆斯的利益置于自己的利益之上。这一举动可能会加强帕特和詹姆斯之间的联结。对詹姆斯来说，这甚至可能是一种矫正性的情感体验（咨询师为了抵消来访者过去的负性情感体验，创造出不同于过去的新的情感体验）。他已经勇敢地承认了自己的弱点，并为自己的弱点感到羞愧。帕特的善意能够被詹姆斯看到或无意识地感受到，同时帕特也愿意信任詹姆斯并接纳他。但是从另一方面来说，心理治疗行业非常不赞成咨询师破坏规则，因为这不仅不专业，而且可能会对来访者造成潜在的伤害。但有一点是肯定的，那就是没有什么是绝对正确的做法。

为什么大多数咨询师会问关于童年的问题？因为如果一个人的童年并不美好，儿童会发展出一种有策略的行为模式，以此回避那些不美好。这样的自我保护策略会变成习惯。如果长大后他的生活环境变了，而他的习惯仍没有改变，这种自我保护就会变成自我毁灭。一些心理学派认为，没有必要挖掘过去，只针对当下进行有针对性的治疗，就会让来访者感觉好一些。然而问题在于，尽管可以通过让来访者接受训练从而自行控制症状，但这样做不一定真正解决了症状的潜在成因，来访者可能会发展出一系列新的症状。例如，一个选择性缄默症患者在接受训练后能够讲话了，但随后他出现了慢性便秘的症状。我认为这是因为导致缄默症的原始创伤没有得到有效处理，所以他的压抑模式找到了另一种表达方式。

只治标不治本的疗法有点像在未清洁的伤口上贴膏药。一开始，膏药能阻止血液渗出来，但如果不揭开膏药，对伤口进行彻底清理，就会有坏疽的风险。

有一些心理治疗学派告诫咨询师，应该尽可能地追随来访者的风格。还有一些学派坚持认为，咨询师应该百分之百地保持真实的自我。

每一次治疗中的每一次交流，对咨询师来说都是关键的一步。幸运的是，咨询师能够做出的适当反应往往不止一种。

在这里，帕特所谨记的是心理咨询师一贯的观点，即人不是生来就是令人讨厌的或充满防御的，而是在他们的童年和其他成长经历中被训练成这样的。在理想情况下，她应该通过一种不让他感到羞耻的方式，让他意识到自己的不妥当行为。理论上应该这样处理：确认他的感受，并与这种不妥当行为背后的感受共情。很多心理咨询师力图做到有效且不产生羞耻感的干预，但有时候努力去做却不一定就能成功做到。在这个例子中，帕特的意图是好的，但遗憾的是，她对詹姆斯所做的心理干预使詹姆斯感到羞耻，使他的大脑瞬间一片空白。

也许帕特刚才的话有些直接，但詹姆斯还是感觉到了她的真实和诚恳，他这一次的防御行为是玩笑般的自嘲，就像一个小男孩。帕特很认真地对待这种小男孩般的行为。她读过弗洛伊德的著作，并在这里贯彻了他的理论，即“没有所谓玩笑，所有的玩笑都有认真的成分”。

帕特知道她应该探寻这种防御行为背后的感受。但帕特的推进总是太快，她忽略了他可能产生的不适感，单刀直入。

根据依恋理论，那些将自己的童年描述为“完美”的人，他们与其主要照料者之间的依恋关系是不安全的。通过这段最初的关系可以预测，其随后的关系可能会出现问题。一个足够好的母亲[①]，能够与孩子建立起有效的联结，那么孩子就会有一个更加平衡的视角。他们有能力看到自己的童年既有好的方面也有坏的方面。这就是为什么在心理治疗领域，所有治疗师心中都预设了一个“完美童年警钟”（Perfect Childhood Alarm）。当它开始响的时候，对治疗师来说可能是一个需要注意的时刻。不安全依恋的婴儿，其依恋模式发展至成年期，会阻碍他们去实现他们的幸福潜能。这些依恋模式已经被发现并进行了命名。四种主要的不安全依恋类型是：疏离型、痴迷型、回避型和混乱型。如果经过进一步的探索，你发现自己符合这些类型中的一种，请不要灰心，因为更健康的依恋模式是可以习得的。

① 足够好的母亲（good enough mother）是客体心理学的代表人物温尼科特提出的。足够好的母亲会提供足够但不会太多的支持，既不忽略孩子，也不会过度干涉。——编者注

此处，詹姆斯将他的问题隐藏在了他的否认背后。如果我对你说“不要去想橘子”，那么“橘子”就是问题所在，而“不要去想”就是否认。而我说“不要去想橘子”，就会不知不觉地把橘子带入你的脑海里。詹姆斯的问题是他模糊不清的“不好”，他在“不好”的前面加了“没有什么”——这就是他的否认。他提到了“分开”，但又试图用“没有”来把这个词推开。“我的世界……崩塌”，他用“从来没有”来否认“崩塌”。就这样，詹姆斯不知不觉地开始与帕特分享他的一些成长经历。帕特似乎已经感受到了这些早期经历给詹姆斯带来的一些影响。当一个人否认他的糟糕感觉时，另一个人能感受到。这叫投射性认同（projective identification）。

为了让詹姆斯现实地看待他的童年，帕特让他举一个具体的例子。詹姆斯描绘的是一个孩子独自拆礼物的场景。他没有谈论自己的经历，而是讲述了与之有关的家庭故事。他可能不知不觉地把这当成了自己的经历，一边讲一边笑，就像编撰虚构故事的人那样。

在描述童年的时候，帕特看不到詹姆斯的笑容，也感受不到他的快乐——这表明他没有快乐能够被感受到。当面临困境时，我们都需要一个“安全基地”（secure base）来提供保护。从詹姆斯所说的内容来看，他可能觉得物品能够为自己提供“安全基地”，而不是人。

詹姆斯发现自己在谈论一件珍贵的东西，它因为缺乏关心和关注而“死”去，这可能纯粹是一种巧合。但假如他无意识中所描绘的童年景象比他有意识地想要传达给帕特的景象更为准确，那肯定就危险了。帕特正在努力倾听詹姆斯的全部，甚至是那些他没有意识到的部分。以他们目前的关系，与他分享一些她所听到的信息还为时尚早，她不合时宜的提问引发了詹姆斯更强的防御。

詹姆斯，偷窃行为通常是有诱因的。听起来你好像什么都不缺。
我的成长环境很优越。

咨询师想要探讨的议题不能呈现太多，这一点很重要。詹姆斯不想认为他的童年有任何不完美，而帕特对此表示怀疑，所以在这里感觉他们可能已陷入了一个僵局。主体间性理论（inter-subjectivity theory）认为，所有的体验都是主观体验，咨询师了解的只是他想象的来访者。据此理论，帕特可以通过体会詹姆斯的感受，去探索他的观点背后的恐惧，而不是试图改变他的想法以验证她自己的观点。然而此刻帕特似乎已经忘记了主体间性理论。

从詹姆斯的回忆来看，他的母亲似乎在利用他来提升自己的重要性。詹姆斯没有察觉到这有什么不对，他仍然在防御。

你觉得缺少过什么吗？
没有吧……我不知道。

最后，帕特放弃了她的议题，并开始探索她自己的感受和詹姆斯的感受。她描述了她感受到的气氛，这或许是一种引导，让詹姆斯也说出他的感受。

也许当帕特专注于詹姆斯的感受，而不是试图把他推到他不想去的地方时，他才能稍微敞开一点心扉……

心理咨询师在工作时，应该是深思熟虑、善于反思和负责任的，应该敏锐地跟随来访者，根据来访者的状态适时地轻推他一把。我认为新手咨询师在这方面会比老手做得更好。年长而有经验的咨询师已经见识过各种情况，参加过很多会议，写过学术论文，读过学术论文，有过成千上万个小时的临床实践。因此，他们不太愿意为了跟随一位新的来访者而放慢速度。帕特想到了喂小鸟吃虫子，这可能意味着她正在产生一种像鸟妈妈一样的反移情，并且还打算采取行动。

我猜你的偷窃行为是为了把注意力从一件事（我们还没有发现是什么）转移到另一件事上。
我想要我的泰迪熊。
我猜偷窃给你带来了好处。
打开箱子！
不是偷！只是稍微有点走神。
趁你还有机会，离开这里。
这是一种让不“好”的事情感觉好一点的方法。
不喜欢这位女士。
也许你心里的某个部分认为不偷东西你就活不下去——你心里的那个部分可能坚信你的生存是依赖于偷窃的。
什么什么什么……听不到你在说什么……什么什么……

帕特在这里所做的是与詹姆斯分享她的信念系统。詹姆斯的反应是解离（dissociate）。有时候，当一个人解离时，会分裂出另一种状态，比如另一种人格。面前这个成年的詹姆斯呈现出一种屏蔽状态，但他分裂出的一个五六岁的小男孩詹姆斯在听帕特说话。然而，由于帕特并没有刻意用对待一个小男孩的方式在说话，所以小詹姆斯即使听到了帕特说的话，也无法理解其内容。

我们每个人都存在某种程度上的解离，有的人会分裂出一个早期的自己，也就是被过去的某个创伤性事件或一段持续的创伤性关系所伤害的那个自己。有的人会分裂出几个不同版本的自己，甚至看上去像变成了另外一个人。我们都具备解离的能力，也许在某种程度上我们都做到了。在更极端的情况下，这被称为分离性身份识别障碍（Dissociative Identity Disorder），过去被称为多重人格障碍（Multiple Personality Disorder）。

和所有咨询师一样，帕特的干预没有什么技巧，而是根据她的经验，并且她坚定地知道自己在做什么，她向詹姆斯传达了一种她对自己的方法充满信心的感觉。

在这一页里，帕特和詹姆斯很难得地达到了心灵契合，因为詹姆斯五岁时的自我感受被帕特理解到了。

关于心理治疗的阶段有各种各样的理论。有一种理论体系归纳了以下几个阶段：前意向阶段、意向阶段、准备阶段、行动阶段、保持阶段、结束阶段。在另一种理论体系下，行为改变包含以下这些阶段：意识觉醒、情绪舒压、环境再评估、自我再评估、自我解放、替代行为、应急管理、刺激控制、帮助性关系。

我最喜欢的是布鲁斯·塔克曼的模型。他提出这个模型是为了描述团体的发展阶段，这些阶段也适用于两个人的团体：组建阶段、规范阶段、激荡阶段、执行阶段和休整阶段。帕特和詹姆斯的关系目前正处于规范阶段。

看来帕特已经反思了她与詹姆斯之间的治疗过程。她甚至可能已经接受了督导（督导是大多数心理治疗专业机构的硬性要求）。她似乎意识到了，再多的“喂食”（推动）也不能让詹姆斯加速到达他需要去到的地方。因此，她在等待时机，并尽量减少质疑。她允许詹姆斯把他的童年描述成是“美好的”。

帕特允许詹姆斯按照他自己的节奏推进，
现在詹姆斯能够感觉到自己快要有突破了。

人们有时会问我，梦在心理治疗中的作用是否被夸大了，它们真的会有作用吗？大师们对此的观点非常富有诗意：弗洛伊德把梦描述为“理解潜意识心理过程的捷径”，弗里茨·佩尔斯把梦称为“通向自我理解的捷径”。我对梦的看法是，我们的大脑负责处理语言的脑区，不负责指挥我们的行为。不妨看看我们的其他脑区，那些不直接通过语言与意识相连，却具有原始驱力的部分。不好意思，我说得没有那么诗意。

在这里，詹姆斯在进行"自由联想"——这是弗洛伊德创立的一种技术，咨询师指导来访者就某事进行思考，然后来访者描述最先浮现在脑海里的内容。这一过程能够使压抑在潜意识中的致病情绪或矛盾冲突呈现出来。有一种干预方法是讨论"感受的权利"这个主题，许多咨询师都会在对来访者治疗中的某个时刻运用它。这种干预方法可以称为"为两件事哭"（Two Things to Cry About）。它是这样的：你对某事感到难过，你责备自己不该感到难过，然后你感觉更糟。你感到更糟的原因是你有两件事可以哭：一是最初的伤痛，二是因责备自己而造成的伤痛。在听完对自己为何会感觉如此糟糕的解释后，来访者应该会感觉好很多，因为这样一来他们会回到只为一件事哭的状态。然而，如果这种干预不起作用，他可能就变成了"为三件事哭"。帕特尝试进行"为两件事哭"的干预，但詹姆斯自己就可以解释从自由联想中浮现出来的内容，帕特正在鼓励詹姆斯继续。

昨晚我梦见我回到了上学的时候。
那是我的幼儿园，只不过是在陡峭的岩石上。
我以为我会从岩石上摔下来。

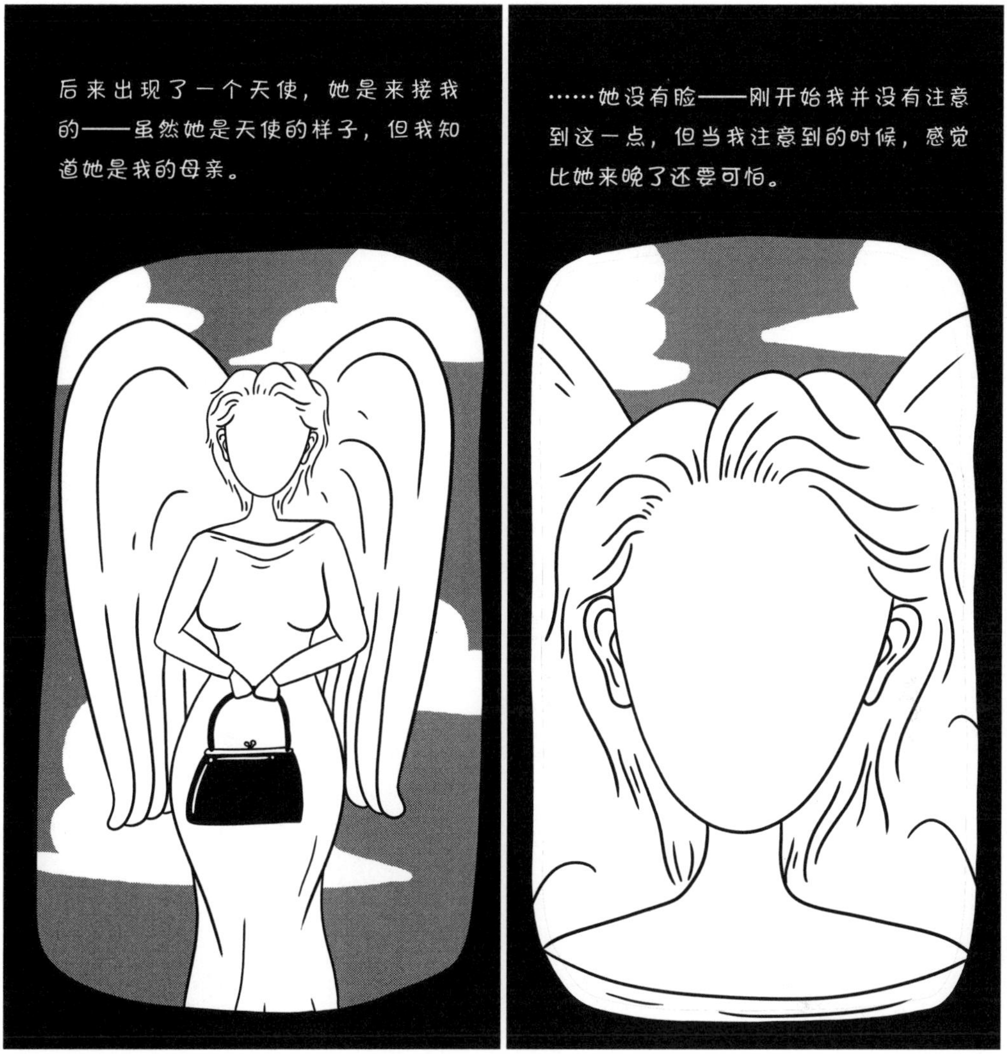
后来出现了一个天使，她是来接我的——虽然她是天使的样子，但我知道她是我的母亲。
……她没有脸——刚开始我并没有注意到这一点，但当我注意到的时候，感觉比她来晚了还要可怕。

当我们试着讲述或复述一个梦时，很多时候那些一开始没有注意到的细节会浮现出来。这是因为我们在重新刺激大脑做梦的部分，使得它再次发送一开始就想让我们得到的信息吗？或者只是因为我们记得更清楚了？

帕特似乎错过了一个值得探究的方向。也许玛尔塔的离开意义重大？也许詹姆斯把玛尔塔投射到胡安妮塔身上？不过，帕特没有跟进也没关系，因为我们的无意识行为会发挥作用。

---

① 互惠生最早起源于英、法、德等国，年轻的外国人为学习某国语言和体验该国文化，寄宿在一个东道主家庭，同时为该家庭做一些看护儿童的工作。——编者注

当人们接受心理治疗时，相关的记忆是如何浮现出来的，这一点非常不可思议，而且梦提供的信息比来访者能意识到的还要多。这就好像人类有一种内驱力去实现他们的潜能。人本主义心理治疗师将其称为“自我实现”（self-actualisation）的驱力。

问题有两种类型：开放式问题（如：“你感觉如何？”）和封闭式问题，后者的答案通常只能是“是”或“不”。（如：“你感觉幸福吗？”）学习心理治疗的学生在接受督导[①]时，常被告诫要避免封闭式的提问，因为那可能会令探索的大门关闭而不是打开。

帕特有一个缺点，就是喜欢问一些可以获得特定答案的问题。她的第一个问题失误了，第二个问题调整得很及时。即使是进展很顺利的治疗，也会有很多失误。这种失误后再重新调整的过程有时被称为“破裂和修复”（rupture and repair）。

① 心理咨询师在从业之初和从业期间，需要定期接受心理督导，这是衡量咨询师是否合格的标准之一，更是心理咨询的职业要求。在国外，一位心理咨询师平均 1 ~ 2 周就要接受一次心理督导，价格在 150 ~ 300 美元 / 小时不等。——编者注

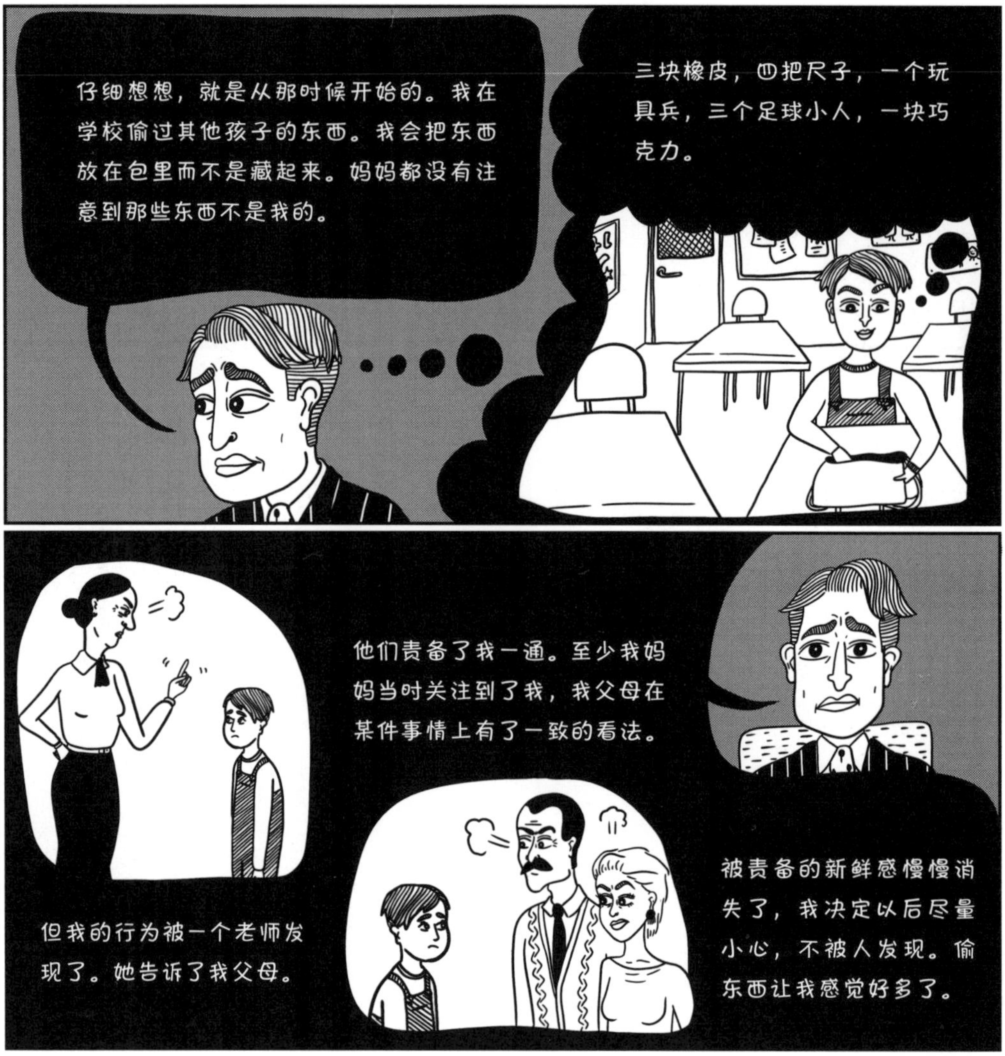

这是一个相关记忆慢慢浮现出来的例子。詹姆斯并不是故意隐瞒这段记忆的。有时，我会想象在我们内心里有一个安全部门，它会根据我们现有的支持系统来决定何时释放记忆。

有个很常见的现象，当父母的关系开始出现问题时，孩子会不自觉地发脾气，有时还会生病。这种童年时期的创造性应对策略，可能会成为持续一生的习惯。

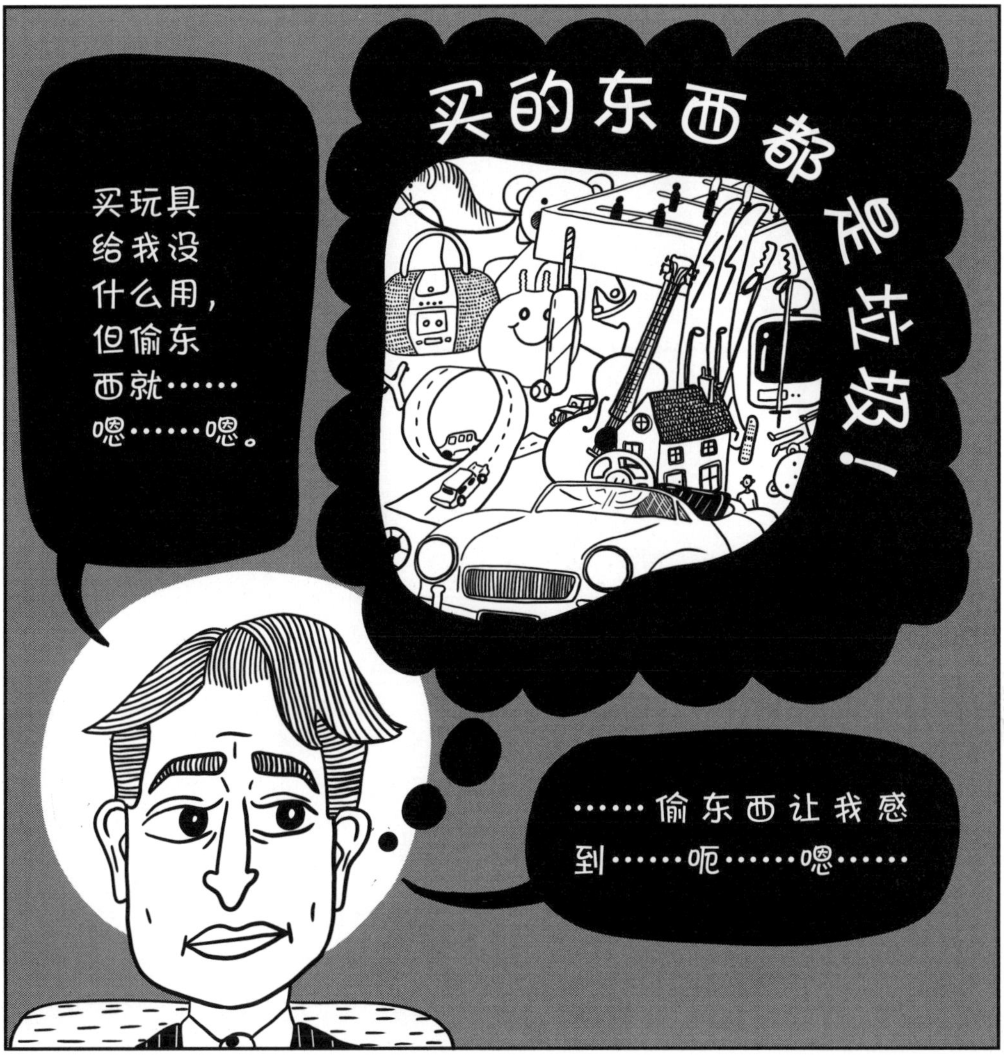

对于一个正处在康复中的成瘾患者来说，谈论他的强迫行为的好处似乎是不恰当的。然而根据我的临床经验，除非来访者能够意识到这一行为带来的兴奋和激动，否则他们很难下决心终止这一行为。通过承认成瘾的好处，我们就能够寻找其他替代的方法来获得这些好处。

为了让来访者继续说下去，可以重复他在沉默之前说的最后一句话，这是初学心理治疗的人需要掌握的一种干预方法。这是一个制胜的法宝。要让那些在宴会上害羞的人开口说话，这一招也很管用。在本页的例子中，这个方法推动了詹姆斯分裂出来的小詹姆斯，使他进入角色。

“逃跑或战斗”（flight or fight）反应的表现之一是僵死反应。如果我们尽量屏住呼吸，或者尽量浅呼吸，我们就不太会被可能的捕食者看到或听到。詹姆斯当然不会认为帕特会吃了他，屏住呼吸更多地是由于他对恐惧产生的一种无意识的反应。

帕特引导詹姆斯关注呼吸，不是为了让他感觉更糟糕。她想让他知道，他的感受不会伤害他，但如果像他之前做的那样，刻意回避自己的感受，那才有可能伤害到他。

心理分析之船
摇摇晃晃的
木筏
欢迎来到
偷窃安全岛
时间到了。

帕特和詹姆斯已经经历了组建阶段（互相认识）、规范阶段（彼此适应），目前他们的关系似乎正处于激荡阶段。

对咨询师来说，当他们的来访者——一个习惯了压抑感受的人，允许自己去感受时，这是令人欣慰的。然而，来访者的愤怒会令咨询师产生一些情绪波动。于是帕特自言自语安慰自己，给自己打气。

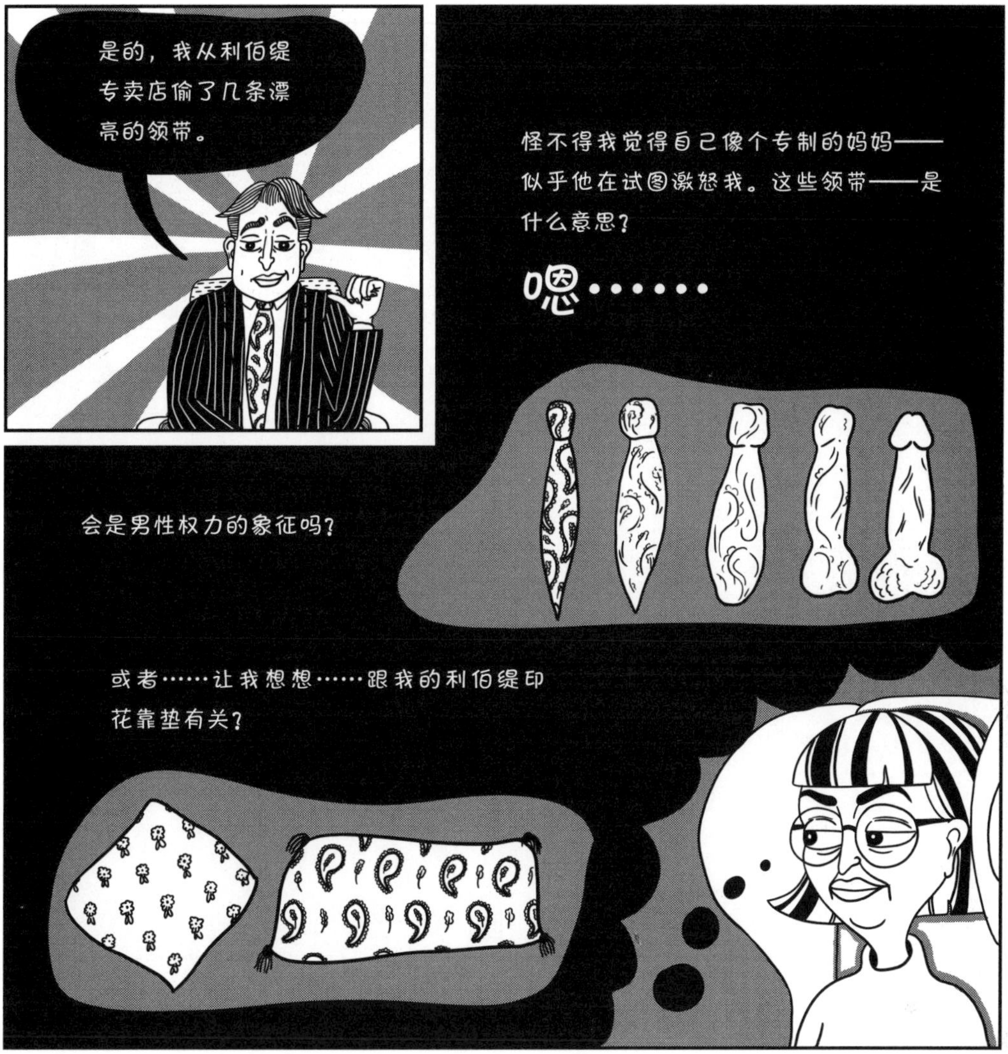

还好，帕特暂时放下了她关于“男性权力”的联想。

如果是一般的谈话，那么情况很可能与治疗谈话相反，帕特会继续争论下去，但如果她在治疗谈话中这么做，对詹姆斯是没有帮助的。她的工作就是帮助詹姆斯，她要控制住她的反移情，设法停止自我防御，回到有针对性的、干脆利落的询问中。

帕特是对的。如果我们压抑了感受，那么它们会找到其他途径爆发。但此时向詹姆斯解释这个有点不合时宜，因为他似乎把这理解成了一种责备，并以一种简单粗暴的方式做出了回应。

在这一阶段，帕特对他们结成的治疗联盟有足够的信心，并把它称为“关系”，她说他们的关系是治疗中的一个有用的工具，这听起来并不奇怪。至少她不觉得奇怪。

当我最初来到这里时，我不知道期待些什么。
也许治疗无效，我依然和以前一样。
也许是得到明智的点拨，就像一把钥匙插进锁孔里，
可以打开通往某个美好之境的大门。
我从来没有想过会陷入一团乱麻的境地。没有任何人警告过我，我会在半夜醒来吓得浑身发抖。
你应该提前警告我的！

是的，来访者确实需要收到警告，他们可能会在感觉好起来之前感觉更糟——甚至可能永远不会感觉更好。

帕特本可以在这里辩解，她没有警告他是为了他好，因为她担心，如果她这样做了，他就不会从治疗中受益。还好，她没有做任何辩解，因为伪善的治疗治愈不了任何人的任何症状。她甚至告诉他为什么他是对的。

催眠状态经常被误解成是类似睡觉的一种无意识状态，实际上它是一种高易感性与降低周围意识结合而成的清醒状态。被催眠者的受暗示性明显提高，能与催眠师保持密切的感应关系。帕特不知道詹姆斯是否处于这种专注的状态，但她意识到，她的权威和确定性传递出的镇定自信会给詹姆斯带来积极的影响。

你现在感
觉如何？
挺好。

嗯哼，我们需要比“挺好”更具体的东西。这是一张清单——看看你能否进一步定义“挺好”。
害怕
焦虑
自信
怀疑
快乐
受伤
感兴趣
我不太确定……我的感觉可能是平静、好奇、敬畏、被赋予了神奇的力量、乐观、受到鼓舞。看完这个，我的感受变成了快乐。
情绪清单
我能留着它吗？

顺从
激烈
爱慕
深情
害怕
好斗
不安
惬意
疏离
尴尬
活泼
迷恋
孤独
雄心勃勃
生气
敬畏
困惑
恶毒
痛苦
无聊
烦恼
平静
着迷
淡漠
关心
欢乐
珍爱
冷漠
自负
孤寂
绝望
沮丧
不满
厌恶
没问题，你带走吧。你可以随时问问自己："我现在是什么感受？"然后想想："我该如何表达？"

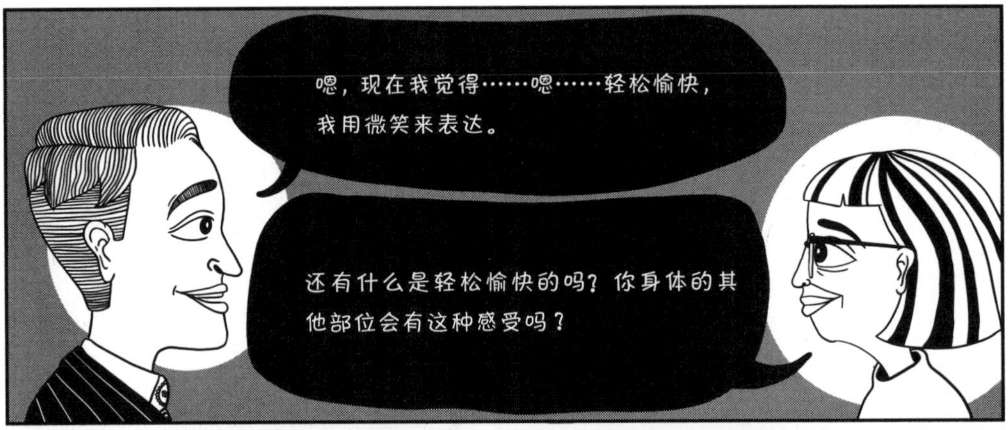

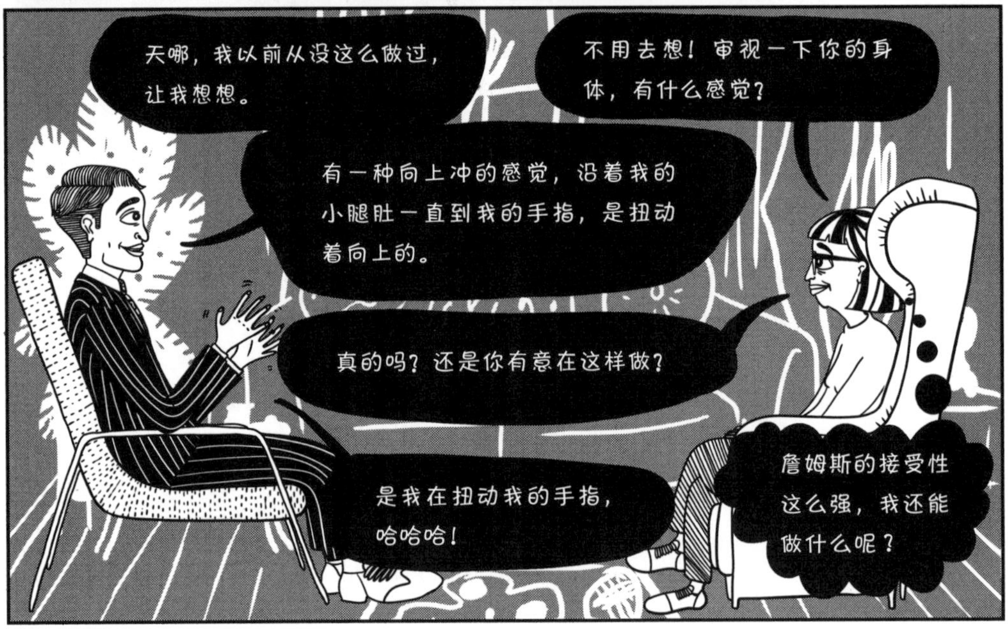

帕特在询问詹姆斯的感受，并让他进一步明确这些感受。了解我们如何通过身体来识别不同的情绪，并加强我们对情绪的意识，这非常重要，可以将无意识行动的危险性降到最低。

当弗洛伊德和一个病人取得突破性进展时，他们常常会稍作停顿，抽根雪茄来庆祝，让领悟更加深刻，但这不是帕特的风格。

帕特给了詹姆斯一张行为模式对照表，希望以此来巩固他们的治疗，帮助詹姆斯更加了解他的偷窃行为是如何被诱发的。这也是一种有古老传统的治疗仪式。自从治疗的概念出现以来，治疗仪式就被认定为治疗的一部分。其他仪式还有：医生的诊室布置、精神分析师的沙发、处方单，等等。研究表明，当咨询师对他们的治疗进展感到非常有把握时，随后的治疗效果很可能是由于安慰剂效应，它所起到的作用就跟开出的药物或布置的练习所起到的作用一样。

你好，
帕特。
57
我以前讨厌按这个门铃。现在我感觉很好。
进来吧，
詹姆斯。
KEVIN

如果咨询师布置了某个练习作业，随后进行追踪询问，那么成功的可能性会更大。通过布置练习作业并询问进展，她传达了自己对来访者状况改善的希望和期待，这就使得练习及其安慰剂效应更有可能发挥作用，取得成功。

The SUN
上周我在胡安妮塔家过夜的时候，有人夜里砸了我的汽车车窗。
当我离开那里的时候，我有了这样一些顿悟。
我现在是什么感受？

我意识到我没有任何感受。
这是我不允许自己去感受的典型情况。
什么样的情况下你会不允许自己去感受？
在别人可能会生气的情况下，我的大脑会变得一片空白。这是我第一次注意到这种空白。
我意识到自己没有任何感受，我就像平时处理砸碎的车窗一样处理了这件事。
我发现，当我的空间受到侵犯时，我对自己的感受是忽视的。我注意到我试图说服自己，浪费一点时间和金钱没什么大不了的，导航仪被偷了以后，我又重新换了一个。
安全玻璃
0800 712 345
M1

在20世纪60年代，咨询师会让来访者通过捶打抱枕来表达他们的愤怒。帕特在早期的咨询课程中尝试过这种干预方法，后来就再也没有使用过，然而詹姆斯似乎自行发现了这种方法。

当你在健身房里挥拳时，你在想什么？
我把那个沙袋当作那个砸了我的车窗，侵入我的空间，拿走我东西的无名暴徒。
砰！
我给了他一拳。
你会迁怒于胡安妮塔吗，因为她住在那样的地方？
那不是她的错。
感受并不一定是合理或正当的。
但是觉察到这些感受，把它们带入你的意识，这可能会给你更多选择，你可以由此决定是否要采取行动。

现在帕特已经做到了让自己更多地从詹姆斯的角度出发去看问题，那么这样一来詹姆斯是否会更容易接受帕特的理论呢？临床定性研究给出了肯定的答案。

“对来这里的感受”和“对我们之间关系的感受”是有区别的。后者更切中要害，但可能更难启齿。当我们找不到语言来描述某种感受时，去看看有没有什么比喻浮现在脑海里，这样做是有用的。语言主要产生于左脑，而梦、情感和创造力主要产生于右脑，因此如果一个人不确定自己对某事的感受如何，就不要太努力去分析它（分析主要由左脑负责），而是去看看大脑中是否会出现一个比喻性的画面。

如果这是一种分析而不是心理治疗，那么这两个人可能已经对詹姆斯的移情和帕特的反移情的意义以及两者间的联系进行了更深入的探索。但心理治疗更强调的是来访者与咨询师之间的关系，而不仅仅是移情。帕特更关心的是他们的治疗目标，那就是让詹姆斯用语言表达他对胡安妮塔的感受。所以帕特格外注意詹姆斯如何描述他和帕特之间的关系，好帮助他去练习表达对别人的感受。帕特似乎没注意到詹姆斯的移情中的性暗示。我要再说一遍，如果来访者在第一次暗示某个话题时咨询师没有发现，那么这个话题一定会被来访者再次提起。

……很喜欢来这里。
我也期待和你合作。
很奇怪，我已经不再偷东西了。我想那就是让我对你感到生气的原因。你允许我去探索那种愤怒，而我从来没有过这样的感觉，可以做我自己。现在我感觉，呃，嗯，我对自己更满意了。谢谢你，帕特。我觉得你很棒。
这是理想化移情？还是说我应该坦然接受这样的称赞？嗯……
嗯……你呈现出了隐藏已久的一部分自我。你现在已经接纳了自己的那个部分。是你做到的事让你感到满意。

理想化移情指的是，来访者认为咨询师是完美且聪慧的。然而我们知道，帕特也知道，她并非如此。她担心詹姆斯可能在透过理想化的滤镜看她，就像他看待自己的童年一样。那些理想化自己父母的人是脆弱的，因为他们很容易在长大后继续进行理想化，只是换成了他们崇拜的对象（邪教就是来源于此）。同样不可取的是，来访者把自己的光芒投射到咨询师身上，而不是让自己拥有它。如果当詹姆斯出现理想化移情的时候帕特不去质疑他，这将阻碍他的康复。因此帕特指出了他是如何自助的，这样一来他就不会认为自己的所有进展都完全归功于她。与此同时，她也小心翼翼地不去否认他的认知，也不否认他对她的自我感觉的影响。

对詹姆斯来说，审视一下自己对帕特的性欲非常重要，因为他再一次提起了这个话题。然而和92页中的情况不同，这一次帕特注意到了。

啊！我竟然说出来了。我不能告诉她真实的幻想。我们没那么亲密。我还是编一个吧！
我走进你的房间……呃……
你在……呃……在哭？
呃……是的……嗯……
然后……嗯……
最后我们相拥着躺在了沙发上！

要为情欲性移情找到一个普遍的因果解释并不容易。所有情绪都是多种因素决定的。然而，为了了解在性幻想中发生了什么，我们有必要去探寻来访者对咨询师产生性幻想的过程及其背后的心理动力。如果咨询师对与性有关的移情不做出解释，治疗就会陷入僵局。

帕特能感觉到詹姆斯确实对她有性幻想，而且可能不是他说出来的那个情况。在我的临床实践中，我注意到，如果我让来访者在他们记不起梦的情况下重新编一个梦，或者让他们幻想一个情境，他们往往会用自己的常规方法（他们一贯的模式）进行构想。在詹姆斯的两个幻想中，即，他分享的那个和他保密的那个，接受者和给予者的角色都调换了。帕特要么是乞求欢爱的一方，要么是需要安慰的一方，两种情况下他都是施予者。因此，帕特无需为了弄清真相而令詹姆斯难堪。他一时编出的幻想中包含了足够的真相，足以让他们的治疗继续。

就像大多数私人诊所中的心理治疗咨访双方一样，帕特和詹姆斯都是白人中产阶级，但即使在这么小的范围里，探索一些差异仍然有帮助。

帕特给出的解释对詹姆斯来说是有意义的，这样他就可以回到如何向胡安妮塔求爱以及为什么失败会令他如此不舒服的话题上来。

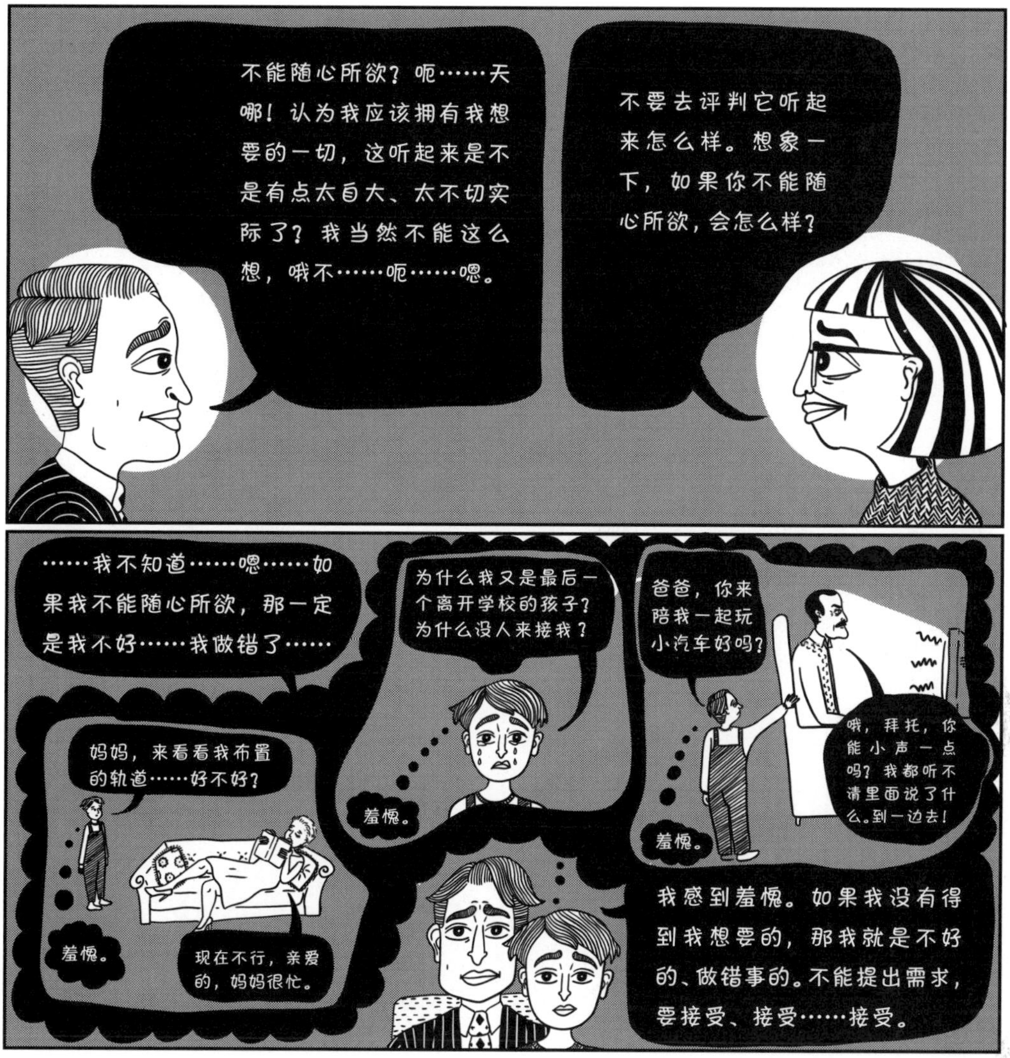

詹姆斯对自己的评判听上去是理智的，当他意识到自己提出的需求显得不太成熟，放弃似乎是对的。然而，更好的做法是，停止对自己的评判，去探寻行为背后的原因是什么，是什么在促使我们做出评判。一定要找到那些不受欢迎的行为产生的根本原因，否则那些原因就会诱发更多的新的不受欢迎的行为。

所以，如果你想要得到某样东西……不对，不是某样东西……如果你想要得到爱但却没有得到，那是因为你不好……你做错了吗？
你知道吗，我就是这么认为的！我以前不知道自己有这样的想法，但我确实就这样想了。这就是原因所在，现在我明白了，不是因为我不好或者做错了才没有得到关注。我没有必要感到羞愧。
这位善良的女士让我感觉好了一些。

说得很好，詹姆斯。
太好了，他有了理论。能把它转化为实践吗？
谢谢，我觉得有些东西在改变了。
胡安妮塔的拒绝并不意味着我不好。
但接下来又该怎么办？

帕特像往常一样加速推进，但不同于这段治疗关系的早期阶段，现在他们是一起加速推进。让来访者揣测他生命中另一个人的感受或想法可能是很危险的，这样做是为了让来访者拥有自己的感受，并与他人建立有真实接触的关系，而非仅仅与他们想象中对方的感受建立无真实接触的关系。帕特让他体会一下胡安妮塔的感受，以避免对她做出错误的推测。

他的心里的确藏着一个有待验证的推测。
有一种普遍的观点认为，咨询师和分析师从不给出建议。

好吧，谢谢，但这不一定有用。我告诉过你我对你有性欲。你还没有透露你对我有没有感觉。
时间到了。
有些事让詹姆斯知道了也没用。

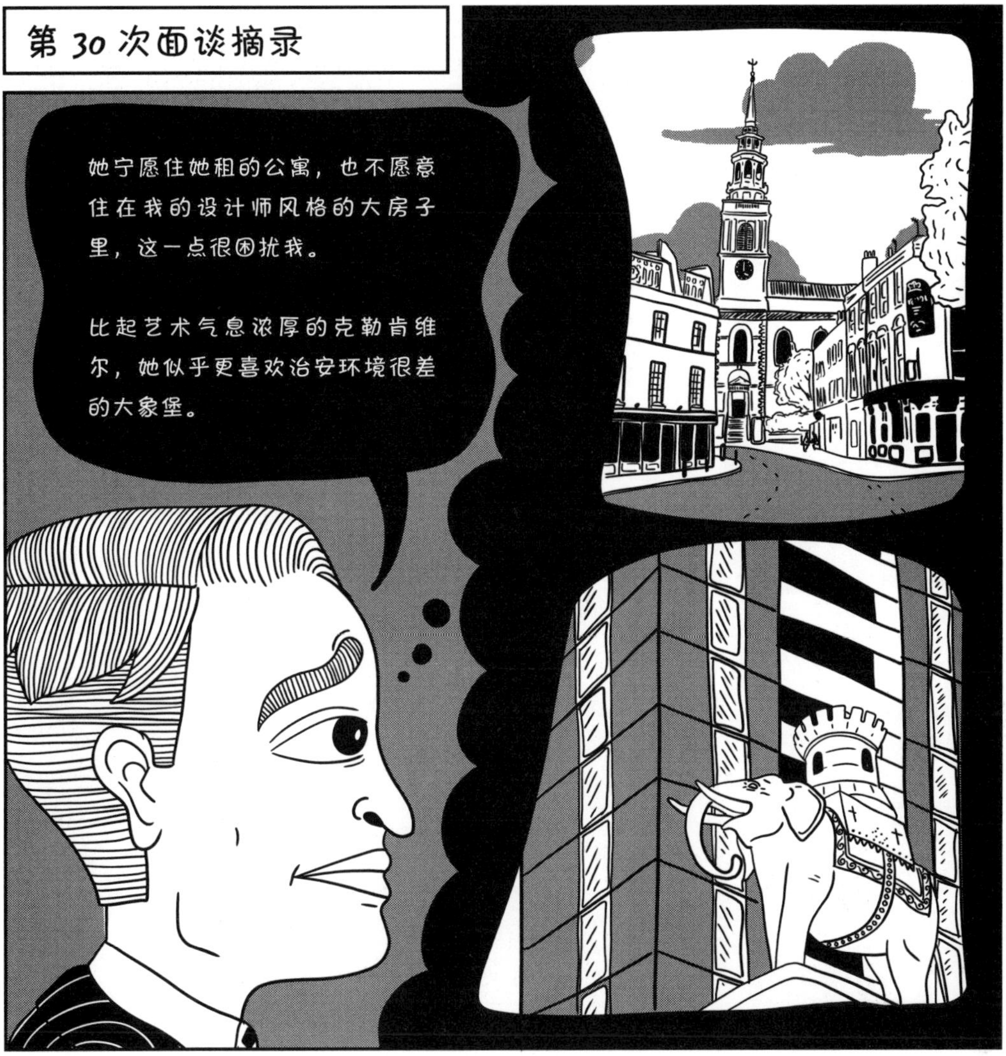

詹姆斯在这里展示了一种基于事物表象的价值判断。似乎对他而言，事物的价值仅仅取决于他赋予事物的观念，而非取决于他对事物的实际体验。现在提起这个话题，或者更确切地说，通过这种谈论方式，詹姆斯的目的是解决他的自恋问题。克勒肯维尔是伦敦的一个时尚区域，那里有设计师公寓和乔治王时代的上流住宅，有令人向往的餐厅、精品店、画廊，并且靠近金融城和伦敦西区。大象堡是一个较为贫穷的地区，那里有廉租房、便宜的连锁店、折扣店，犯罪率很高。然而，实际上居住在这两个地方的人都有可能拥有快乐或痛苦。

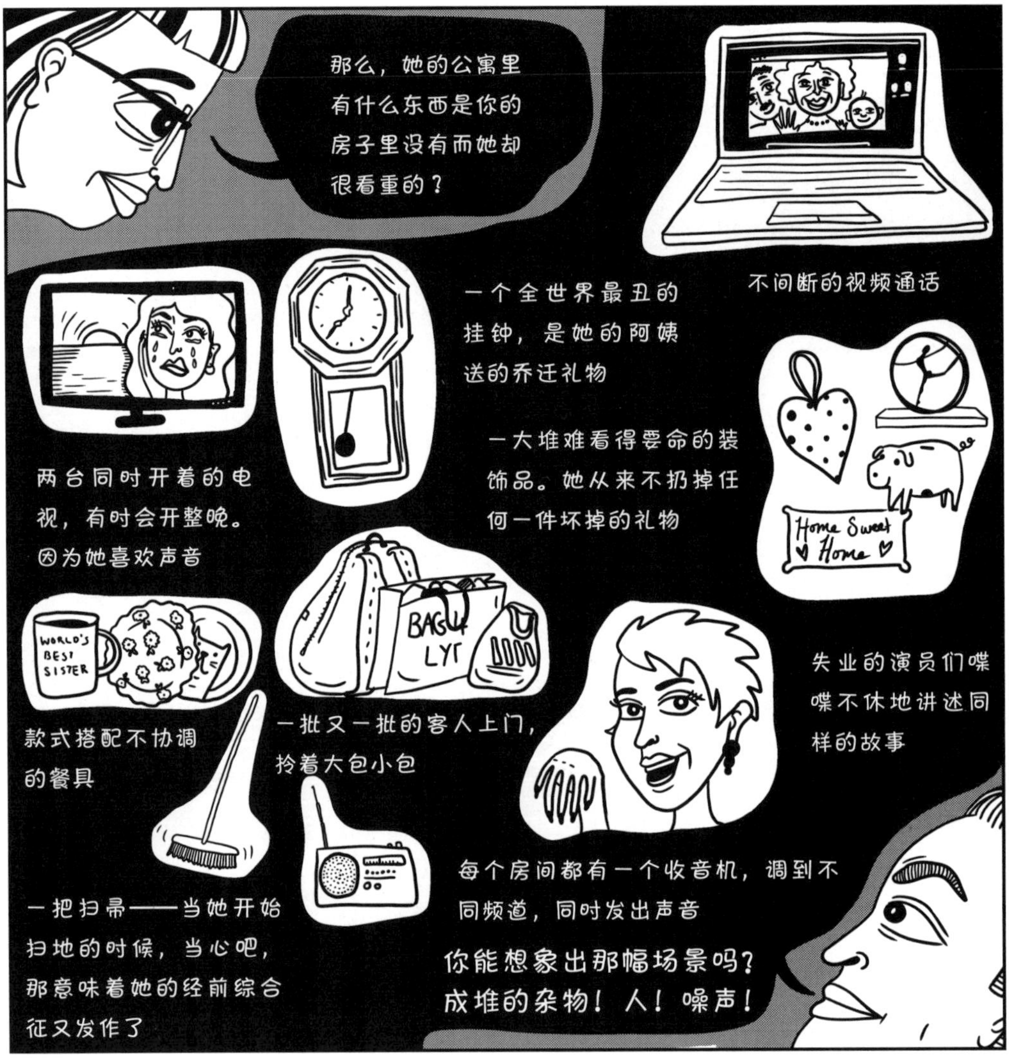

帕特似乎发现了（也许只是无意识地），詹姆斯最先关注的点是他与物的关系，而不是与人的关系，所以她请他描述胡安妮塔公寓里的物品，通过这种方式，搭建她的问题框架。

从这里可以看出詹姆斯是多么信任帕特，他能够承认他的房子主要是为了给人留下好印象而设计的，他很清楚自己从父母那里全盘继承了这个价值观。

这种不思考、不质疑就摄入整个信念系统的防御机制叫作内摄（introjection）。

帕特问詹姆斯对胡安妮塔的评价，这样做能帮助他在自己身上发现新的价值系统。我猜帕特只有在事后回顾这段对话时才会发现这一点，但这可能是她有意识的做法，让詹姆斯进一步远离自恋的价值系统。

詹姆斯是以自恋这个主题开启的面谈，似乎他在确定他的谈话主题，并且当帕特开始偏离时，他有足够的自我力量坚持把话题拉回来。

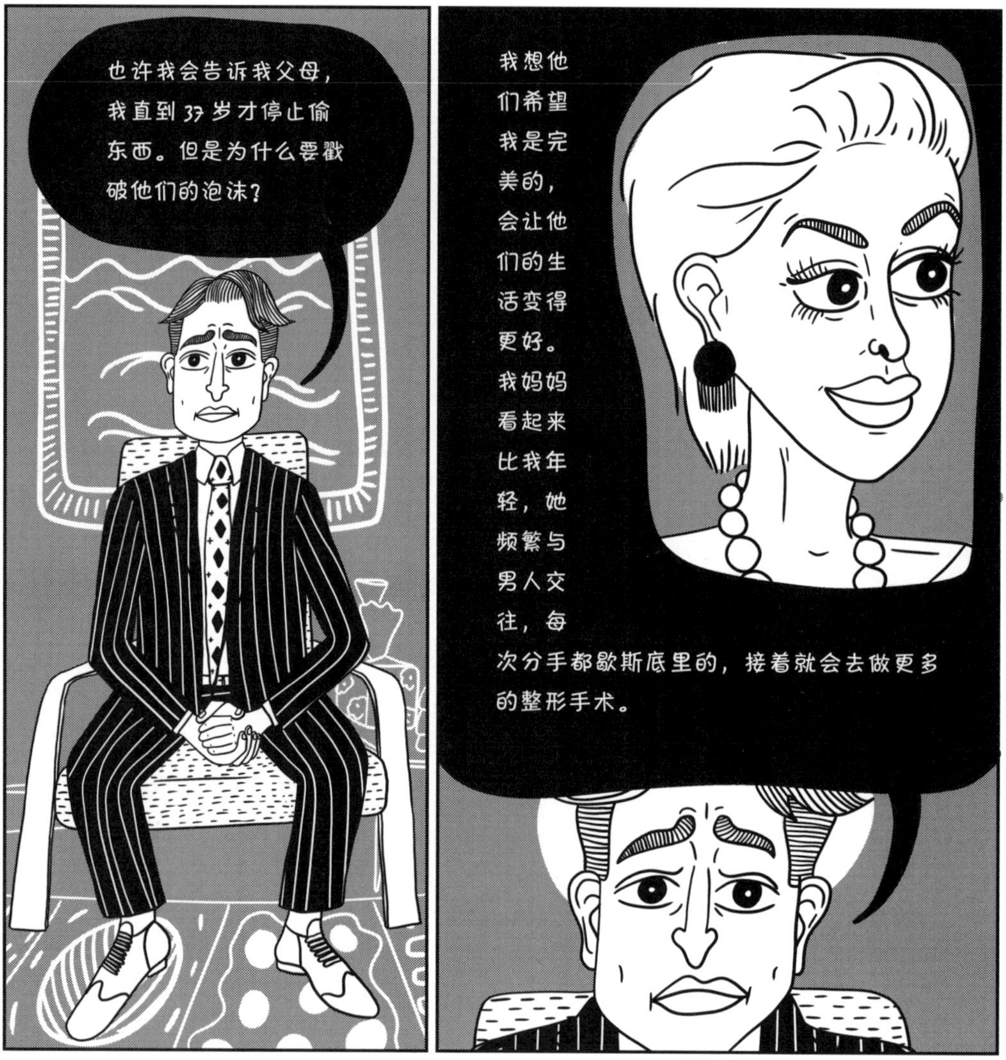

生活在一个自恋的世界里就像生活在虚幻的泡沫里。如果这个泡沫破灭了，却没有支撑体系来托起自恋者，这将是毁灭性的打击。在描述母亲时，詹姆斯采用了一种“虚假自我”模式（虚假自我的人，自我是围绕着别人的感受而构建），这种模式是在它再次“突然出现”之前就已经形成了的。

詹姆斯已经学会了咨询师的技巧，通过重复一句话的最后几个字来让对方说更多。

帕特正在谈论“情感调节”（affect regulation）——人们如何调节自己的感受。母亲可以通过协调和包容来安抚婴儿，这意味着认真地对待婴儿的感受，而认真并不意味着要做出过度的紧张反应。这样可以逐渐教会孩子调节自己的感受。如果孩子没有从这种“足够好”的养育中受益，他们在以后的生活中可能很难进行自我安慰。他们会进入亢奋状态，这意味着他们无法让自己平静下来；或者是低沉状态，在这种状态下，他们会过于封闭，大脑陷入空白，无法轻易唤醒自己。他们也可能会不断从亢奋到低沉或从低沉到亢奋，而不会在中间状态停留太长时间。每个人都有自己的应对机制，我们用这些机制让自己保持在自己喜欢的状态。有些应对机制比其他的更健康。例如，在第70页中，在面对詹姆斯的愤怒时，帕特用对自己说话的方式来自我安慰，以保持冷静。这是一种健康的自我安慰方式。如果她伸手去拿一瓶伏特加，那就不那么健康了。

看起来詹姆斯已经很顺利地进入到治疗的行动阶段，或者像塔克曼所说的执行期[①]。

① 在布鲁斯·塔克曼的团队发展阶段（Stages of Team Development）模型中，团队发展的五个阶段是：组建期（Forming）、激荡期（Storming）、规范期（Norming）、执行期（Performing）和休整期（Adjourning）。这五个阶段都是必须的、不可逾越的，团队在成长、迎接挑战、处理问题、发现方案、规划、处置结果等一系列过程中必然要经过上述五个阶段。——编者注

如果我们看看詹姆斯之前是如何向胡安妮塔提出建议的（第25页、第100页），我们就会发现，他只是向她“提过”她可以搬来和他一起住。他以前从来没有公开表露过自己的感受。

有人说，在治疗中练习开放和直接，可以训练一个人在生活中更加开放和直接。有很多人（詹姆斯可能就是其中之一）在工作中足够自信，但由于各种原因，他们在个人生活中却不那么自信。

1955年，乔瑟夫和哈里这两个人创建了一种反馈模型，叫作乔哈里视窗（Johari Window）（见下页）。它把一个正方形分成了四个区域。开放区代表我们自己知道、别人也知道的信息。盲目区是自己不知道、别人却可能知道的盲点。隐秘区是我们的私人空间，是我们自己知道、别人却可能不知道的秘密。未知区是最神秘的空间，是自己和别人都不知道的信息。人的有效沟通就是这四个区域的有机融合。

通过与胡安妮塔分享更多的真实自我，詹姆斯让开放区变得更大，因此隐秘区就变小了。如果一个人冒险把开放区变大，通常其他人也会跟着扩大他们自己的开放区。这会带来亲密性的增加（见下页图）。詹姆斯和胡安妮塔之间似乎就发生了这样的过程。

关于乔哈里视窗（见下图）的解释，请参阅上一页。

图1

	自己知道	自己不知道
他人知道	开放区	盲目区
他人不知道	隐秘区	未知区

图2

	自己知道	自己不知道
他人知道	开放区	盲目区
他人不知道	隐秘区	未知区

在这个过程中，尤为可喜的是，尽管詹姆斯和胡安妮塔都认可开放和直接，但他们也很清楚，把自己的一切都告诉一个你不熟悉的人，不一定是件好事。

哦，顺便说一下，帕特……
嗯哼？
我今天没有打到车。
UBAH
上车地点 考文特花园
无可用车辆
预约用车
SAVE UP TO 50%
POOL
UBAHX
UBAHXL
UBAHEXEC
所以我钻进了地铁站……
考文特 花园

对情感的高感受性，和对接受陌生人善意影响的高意愿性，会带来一种强烈、积极的情感体验。新生儿的父亲经常会出现这类现象。也许，在詹姆斯刚刚讲述的故事和他的心理治疗之旅之间，存在着一种相似之处？他找不到路，他请求帮助，他找到了路。在这两种情境下，他都是因为一段关系而找到了路。如果帕特发现了这一点，我想知道她如何定义詹姆斯的这种解释。

让他自己去感受——这一切都是新的——宛如新生。
时间到了。

人们来接受治疗通常是因为他们不明白自己为什么会感觉不好，他们想要感觉好一些，但又不知道如何去做。为了解决这个问题，一些心理学研究者认为，研究积极的健康心理比研究心理疾病更有用。提升让自己感觉良好的意识，和了解我们是如何让自己产生相反感受的，这两件事同样重要。

我是一个八九岁的捕捞牡蛎的男孩。
我们住在一个滑槽旁，船从那个地方下水。
那是一个斜坡……
……床是木头的，上面铺着丝绸床单……
地毯延伸到了水里……

当大人们忙起来的时候，
一切都会变得生机勃勃。
他们的女儿是我一
个很特别的朋友。
我们走进黑暗里，
然后消失在那里。
神奇的树会在
冬天开花。
你好呀！
松鼠会同我们说话和玩耍。美妙的音乐不绝于耳。

她妈妈知道我们的一切，但她一直保守着秘密。
也许我还没准备好。
有天晚上，我们沿着丝绸地毯往下滑。
没有滑进水里，而是到了另一个地方，一个绅士俱乐部。
男人们坐在真皮扶手椅里。
他们喝酒、聊天、看报纸——非常有教养的样子。

我想进去，但我朋友想到外面去玩。
所以我们就出去了——音乐很美，地毯也在那里。
我们在上面打滚——天很黑，很安静。美妙的音乐一直萦绕在耳旁。
我很开心地醒来，依然能听到音乐在脑海里回响。
这个梦是什么意思呢，帕特？

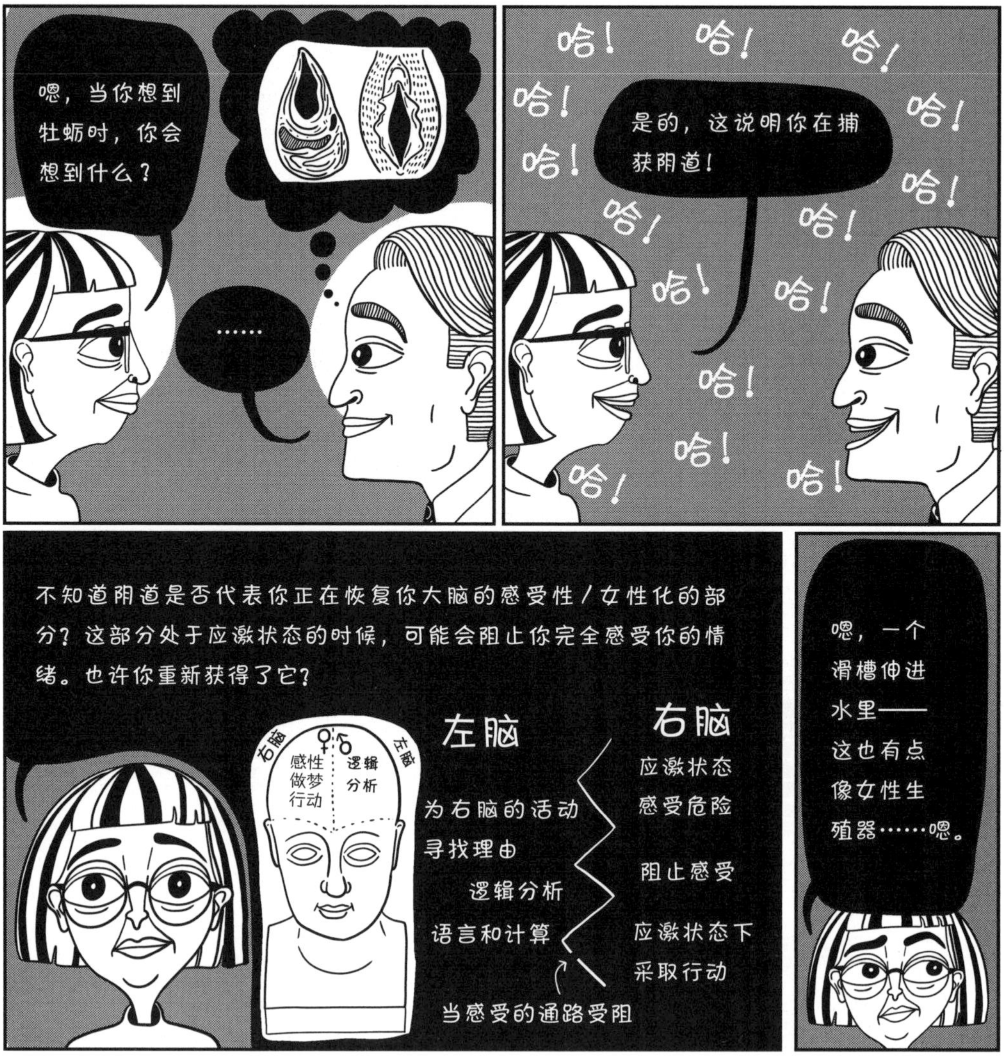

让自己去感受悲伤、痛苦、存在的空虚，等等，这样做还有一个好处就是，我们能够更容易获得幽默感。咨询师的诊疗室里既有欢笑也有泪水。

翻开那些与梦有关的书籍，你会发现，梦是没有通用语言的。有些人的梦在象征意义上可能有相似之处，但如果认为梦见牡蛎就意味着你正在发现自己女性的一面，那就大错特错了，除非你是詹姆斯。

地毯……嗯……
当你想到地毯的时候会想到什么？
你的治疗室。
哈！你是这样想的！
所以地毯让你和……重新联结起来了吗？
……我长久以来失去的创造力和梦想的一面，三十年的忙忙碌碌，让我无法拥有自己的全部感受。
放松
娱乐
感受
应激状态结束
现在我明白了。

正式的俱乐部，
代表着规则、规定、传统、没有温暖……
我几乎就是那样在生活。
我生命中想要的女人不会真正融入那种生活。
不用了，谢谢，一切保持原样就好。

帕特和詹姆斯的解释似乎是正确的，尤其是当詹姆斯的梦中出现了一个阴阳符号时（第127页）。但你不要随意用新时代的象征或任何类似的东西来进行释梦……

第40次面谈摘录
詹姆斯，一年前你来这里的时候，我们的目标是探索偷窃行为的诱因。
我确实不需要再来这里了，但我会继续让治疗效果起作用。
我已经很久没有偷东西，也没有感到有偷东西的危险了。我知道该怎样做才能避免诱因。
那么我们现在的目标是什么？
目标？我喜欢来见你，听听你会说些什么。和你聊聊我一周的见闻和体验就挺好……

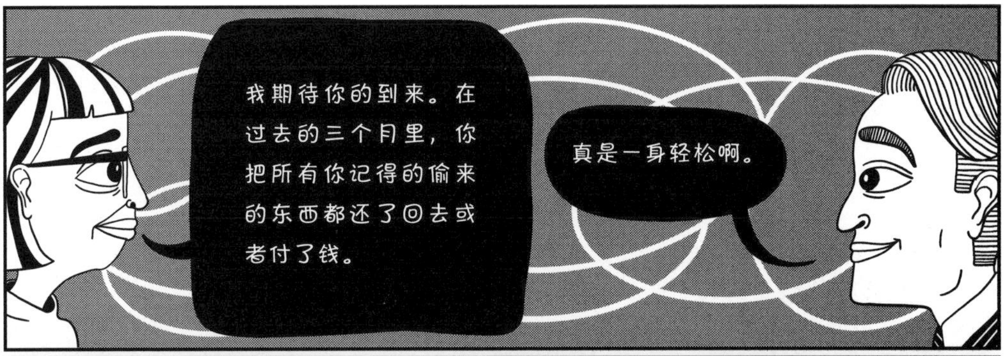

“幻想联系”是一种自我补偿、自我保护的行为。通过与内心创造出来的“幻想”产生联系，避免了与真实父母联系时会产生的焦虑。

对一些人来说，改变是心理治疗的核心：改变根深蒂固的思维和行为习惯，以及随之而来的感受，当然治疗关系本身也是具有改变性质的。成为心理治疗中的来访者是一种改变，然后是终止治疗关系引起的改变。改变会让人感受到威胁，通常我们会拒绝接受它。有多少时候，当我们说“再见”时，最有可能的结果却是“我再也见不到你了”。和拒绝一样，退行也是对改变的普遍反应。退行是对最近习得的东西的放弃，而转向了生命早期阶段习得的那些东西。在这里，詹姆斯暂时退回到他过去那种自命不凡的精英风格：“我的治疗费没给够吗？”由于这些原因以及其他一些原因，心理治疗的结束通常还需要几周时间。

许多心理咨询师说，他们能感觉到来访者生命中某个重要他人对他有多么大的影响。我的感觉是，帕特很认可胡安妮塔。

对咨询师来说，接受结束也是困难的，尽管他们在这方面有更多的经验。有时他们可能会受到诱惑进入来访者的生活。从帕特陈述的所有原因来看，这通常是不明智的做法。但是，如果你想让他们为你的心理治疗故事写一篇后记，或者是类似的东西，他们可能会考虑一下。这必须经过非常仔细的考虑。

弗洛伊德改变了他对触摸的看法。在他早期的工作中，他使用头部和颈部按摩的方式，因为他认为这有助于病人退行。渐渐地，当他开始更多地使用自由联想和解释时，他就不那么热衷于在心理治疗中使用触摸了。他担心触摸会满足病人的幼儿期的需求，并且会影响移情。他还担心触摸可能会激发咨询师和病人的性欲。然而，其他的执业医师，比如与弗洛伊德同时代的费伦齐，认为触摸对于修复病人早期的创伤是有用的。弗洛伊德和费伦齐为此闹翻了，从那以后，心理咨询师、心理治疗师和精神分析学家也一直在为此争执不休。

结束意味着结束，也意味着一个新的开始。

后记

在被邀请为《沙发上的心理学》写后记的前几周，我看了阿里·福尔曼著名的反战电影《与巴希尔跳华尔兹》(*Waltz with Bashir*)。在放映会上，导演被问到为什么选择动画作为这部纪录片的媒介，他回答说，这是他能想到的最流畅、最有效、可以同时展示人的内在和外在的方式。他还指出，动画可以暴露出人们表面显示出来的东西和他们内心深处真正体验的东西之间的鸿沟。

他使用的是“表面”和“深处”这两个词，而没有用“意识”和“无意识”这两个词。

福尔曼肯定了动画的作用，认为它为观众留下了一个属于他们自己的情感体验空间，而不要求他们只认同一个角色或者一种观点。这种作用也同样体现在菲利帕·佩里的图像小说中，它以一幅幅图像为媒介，展示了心理治疗过程中发生的事情和它们背后的心理学理论。作为一个具有质疑和探究精神的成熟的心理治疗师，她向我们阐明了心理治疗在实践中到底是怎样的。

研究表明，治疗的成功取决于来访者和咨询师之间关系的质量和深度，以及一种包容度，既允许好的感受，也允许坏的感受。但这种关系究竟是怎样的关系呢?这不是一个简单的问题。

首先，治疗室里的两个人之间存在着意识层面的关系。咨询师接受过专业训练，搭建了一个安全的工作空间。而来访者具有选择接受治疗、参加治疗和支付治疗费用的能力。

另外，无论是咨询师还是来访者，都有其无意识的一面，这也是关系的一种。从根本上说，来访者与他的无意识之间的关系，就是导致问题行为、习惯和感受的原因所在。以詹姆斯为例，这一点可以从他早期与疏离的、以自我为中心的母亲的关系，以及这对他的情感影响中看出来。

另一方面，咨询师与她的无意识的关系，意味着她在过去的专业训练或者个人经历中有尚未得到解决或尚未被发现的东西。这些东西很容易阻碍她与来访者的后续咨询。举个例子，如果帕特禁不住嫉妒詹姆斯中上阶层的生活或是律师这种职业的光鲜，那么她对詹姆斯那种羞愧感的敏锐度就会大打折扣。如果她的家人在情感上也没有认真对待她，那会怎么样呢？这难道不会影响她对詹姆斯问题的判断吗？如果她的母亲或父亲也把她视为令人骄傲的门面，而不是一个拥有自己权力的人，那会怎么样呢？

我们常常在咨询师的内心世界里，发现一些可能阻碍治疗的东西，这些东西可能是当前存在的，也可能是过去存在的。而且，永远不要忘了，她的无意识也是同理心和同情心的来源，而这对于整个治疗过程也非常重要。在某种程度上，咨询师是通过了解她自己来了解她的来访者的。

我们还没有谈到治疗关系更复杂的层面——咨询师和来访者之间会有一种无意识的关系，这种关系在某种程度上与有意识的治疗关系是分离的。那是发现临床直觉和对治疗有用的联想的地方。弗洛伊德用无线电发射机和无线电接收器的比喻，来解释属于来访者的一些东西是如何突然出现在咨询师脑海中的（他对相反的情况不太感兴趣，但后来情况发生了变化）。无意识到无意识的交流，也就是人们现在所说的“右脑到右脑”的交流，是解释治疗为什么有效的核心所在。

所以，到目前为止，有四种关系了。就这些了吗？

不，因为来访者的无意识和咨询师的意识之间、咨询师的无意识和来访者的意识之间也存在着关系。咨询师和来访者都把大量的东西投射到对方身上，这无所谓好坏——仅仅是事实而已。这样一来，治疗中的关系数量增加到了六个，它们可以同时发生。读者可以选择这个故事中的任意一个时刻，去看看那里有多少对关系是活跃着的，这可能会很有趣。

以上只是从心理动力学的角度来思考这个故事。这个故事也可以通过其他视角来看——例如人本主义、存在主义甚至行为主义。帕特在她的治疗中似乎融入了许多理论方法。我们在第38页看到，当她询问詹姆斯的童年时，她使用了依恋理论。在第67页，当她让他尝试呼吸时，她采用的是以身体为导向的疗法。像一个完形治疗师那样（第82页），我们看到她有意识地针对此时此地进行治疗。她给詹姆斯做“进程图”以及布置练习作业（第83页），似乎是借鉴了行为主义的方法。而支撑这一切的，是帕特对自己所做的事情充满信念和信心，而且正如菲利帕·佩里在第83页的注解中指出的那样，其中也可能存在着安慰剂效应。

在这里，我需要对有关性的话题说上几句。在治疗中，性的移情–反移情包含很多方面。我一向认为，如果有人说他喜欢你，你几乎不可能不被触动，哪怕是产生最细微的反应。这很正常。即使来访者不是咨询师中意的类型，这种相互的情欲反应也会发生，我希望这一点能够得到更广泛的承认。

在詹姆斯和帕特的案例中，我认为詹姆斯的性幻想是有用的，其作用体现在两个方面：一方面是证明了他有能力恢复一种自发的男性气概，在成长过程中他曾习惯于去抑制这种男性气概；另一方面，这种性幻想的象征意义直接说明了他需要被承认拥有自主权，而不是成为一个强大母亲的玩物或木偶。然而，我所谈到的关于詹姆斯性幻想的作用还不够深入。你看，不管你喜不喜欢，两个人之间的某种身体上的温暖（你可以称之为性的温暖），似乎是双方情感产生和发展所必需的或者说是先决条件。我想，这个模板的来源是父母和孩子的关系，或是家庭中其他的亲密关系。这不是乱伦（然而不幸的是，我所描述的这个过程有时会被滥用）。不，这是最广泛意义上的厄洛斯——古希腊神话中的小爱神，它启发了一种关于联结、关系、成长和转变的心理原则——生命！厄洛斯可以被视为爱欲和情欲的象征，也可以被视为性交和受孕之神，但他同时也是联结自然能量的流动。没有什么比这更纯真、更有治愈力了。所以，当你看到詹姆斯和帕特之间发生的事情时，你会注意到他们之间存在着相互吸引，但也要意识到除了肉欲之外，厄洛斯还在其中添加了什么内容。

尽管有很多关于治疗结果的研究，但对于改变的主要催化剂是什么，还没有达成共识。一些人坚持认为是准确和适时的解释所带来的洞察力。另一些人则认为，新的治疗体验为成长和发展过程提供了一个环境，甚至在大脑层面上也是如此。还有人认为，意识和认知控制的阻碍导致了坏习惯，而这些坏习惯可以被取代。尽管很多人认为起作用的是咨询师而不是方法，但人们对此并没有达成一致意见。荣格所讲的炼金术士——他认为他们是现代心理咨询师的先驱——常年在实验室里埋头从事刺鼻的化学实验，但除此之外，他们还有一个叫作祈祷室的小房间。在那里，他们为得到一个成功的结果进行祈祷和冥想。按照当时的正统观念，小祈祷室的门上写着“Deo concedente ”——上帝保佑。现在，咨询师不愿把结果交由上帝决定。但我想说的是，有一种未知的、神秘的因素需要考虑，这种因素是咨询师无法控制的，不管他/她的技术有多么纯熟。

我希望这本书能被更多的人读到，无论他们是否身处心理治疗领域。要知道，这将在我们的社会中引发关于心理治疗的争论，而这正是我们所需要的。我可以想象大量的心理治疗专业的实习生和学生正在研读这些内容，将他们自己与帕特进行对比，并向她学习——不仅从她做得好的地方，也从她的错误中学习。我还可以想象来访者和潜在来访者用这本书作为他们迫切需要的切入点。菲利帕对治疗的描述做到了冷热兼而有之。她很清楚，治疗并不像一台标准化的机器，而是两种个性独特的融合。所以，这绝不是一本心理治疗手册——那有点言过其实了。

安德鲁·塞缪尔
分析心理学教授
埃塞克斯大学，英国